Der tropische Karst
Bildungsprozesse und Karstformen

STUDIENARBEIT ZU KARSTPROZESSEN IN GANZJÄHRIG HUMIDEN KLIMATA - COCKPIT UND TURMKARST

VON DIETMUT LEIFHELM

STUDIENARBEIT

LUDWIG-MAXIMILIANS-UNIVERSITÄT MÜNCHEN

Inhalt

4

1. Unsere Erdoberfläche - ein Produkt reliefbildender Prozesse

Unsere Erdeoberfläche wird von verschiedenen reliefbildenden Prozessen stets verändert. Diese Prozesse bestehen überwiegend aus Verwitterung und Erosion. Unter Verwitterung versteht man die Zersetzung von Gesteinen durch exogene physikalische, chemische oder biologische Prozesse. Dieses zersetzte Gesteinsmaterial wird dann abgetragen, der Vorgang wird als Erosion bezeichnet. Ein besonderer Fall dieser Prozesse ist die Verkarstung. Der Name „Karst" geht auf das serbokroatische „kràsa" zurück und bedeutet „steiniger Boden". Er bezieht sich ursprünglich auf die kahle, vegetationsarme und von grauweißen Kalksteinblöcken übersäte dinarische Gebirgslandschaft nordöstlich von Triest (MARK 2005, S.5). Diese außergewöhnlich geformte Erdoberfläche ist aber nicht nur in der Region um Triest zu finden, sondern weltweit in verschiedensten Formen verbreitet. „Global gesehen nehmen Karstgebiete etwa ein Drittel der Landoberfläche der Erde ein" (DÜSTERHÖFT, S. 1). Auch sind die Formen des Karstes in den Innertropen zu finden, denn in diesem Bereich der Erde herrschen nahezu optimale Bedingungen um Karstlandschaften entstehen zu lassen. Welche dies sind und welche außergewöhnlichen Formen man finden kann, wird im Folgenden erläutert.

2. Einordnung der Verkarstung in die reliefbildenden Prozesse

Um die Verkarstung einordnen zu können, muss man sich einen Überblick über endogene und exogene Prozesse verschaffen.

2.1. Endogene Prozesse

Endogene Prozesse geschehen immer im Erdinneren. Tektonische Hebungen oder Senkungen der Erdoberfläche sowie das Entstehen von vulkanischem Gestein, sind Resultate endogener Prozesse. Die bei tektonischer Veränderung entstehenden Risse und Klüfte der Erdoberfläche bieten beispielsweise eine hervorragende Angriffsfläche für die Entstehung von Karst.

2.2. Exogene Prozess

Neben den endogenen Prozessen gibt es die exogenen Prozesse, die die Erdoberfläche feiner ausgestalten. Exogene Prozesse wirken deshalb immer direkt an der Erdoberfläche. Sie wirken zum einen der Plattentektonik entgegen, zum anderen werden diese Prozesse auch klimatisch beeinflusst. Meistens verursacht die Schwerkraft die exogenen Prozesse. Sehr häufig sind sie mit Materialumlagerung verbunden. Für diese Umlagerungen dienen meistens Wasser oder Luft. Deshalb spricht man bei diesen Erscheinungen von fluviatilen oder äolischen Formungen (DÜSTERHÖFT, S. 1/2). Der Prozess der Verwitterung zählt auch zu den exogenen Vorgängen. Man unterscheidet physikalische, chemische und biologische Verwitterung. Für die Verkarstung ist vor allem die chemische Verwitterung, und in den Tropen zusätzlich die biologische Verwitterung, von großer Bedeutung. Bei der Entstehung von Karst ist die Lösungsverwitterung der wichtigste Teilprozess der chemischen Verwitterung. Auf diesen Prozess werde ich unter 3.2. genauer eingehen.

3. Vorraussetzung für eine Verkarstung

Neben den endogenen und exogenen Prozessen, die Grundstock jeglicher Veränderung und Formung der Erdoberfläche sind, gibt es weitere Vorraussetzungen, die erfüllt sein müssen, um Karstgebiete entstehen zu lassen.

3.1. Verkarstungsfähiges Gestein

Grundvoraussetzung ist ein gut lösliches Gestein, da der Prozess der Verkarstung in der Lösung von Mineralen besteht. Wie Abbildung 1 zeigt, lässt sich Kalkstein im Vergleich zu Salzstein nur schwer in Wasser lösen. Kalk ist aber trotzdem das am meisten betroffene Gestein, grund hierfür ist die stark erhöhte Löslichkeit desselben in kohlend oxidhaltigem Wasser (DÜSTERHÖFT, S.2).

Wie man außerdem aus der abgebildeten Tabelle erkennen kann, ist Gips weitaus löslicher als Kalk oder Dolomit. Daher gibt es neben den bekannten Karstformen welche aus Kalk entstanden sind, auch weiter Erosionsformen welche aus Gips gebildet wurden. Die hohe Löslichkeit von Steinsalz und Kalisalz verhindert aber die Herausbildung länger beständiger Karstformen. Sie hätten in humiden Klimabereichen keinen

Bestand, sondern werden sehr bald wieder aufgelöst (ZEPP 2004[3]).

Gestein	Chem. Formel	Löslichkeit	mit Säure
Steinsalz, Kalisalz	NaCl KCl	356 g/l	
Gips	$CaSO_4 \times 2\,H_2O$	2,6 g/l	
Kalk, Dolomit	$CaCO_3$ $CaMg(CO_3)_2$	1,5-13 mg/l	100-400 mg/l

Abb. 1: Löslichkeit von Salzgesteinen in Wasser bei 18 °C (aus ZEPP 2004[3], S. 87)

3.2. Chemische Prozesse der Verkarstung

Wie bereits erwähnt ist die chemische Verwitterung Vorraussetzung für die Karstentstehung. Da der Prozess der Verkarstung aus Lösung von Mineralen besteht, nennt man diese Art der chemischen Verwitterung Lösungsverwitterung. Diese wird als Korrosion bezeichnet, weil Kalkstein durch kohlenstoffdioxidhaltiges Wasser gelöst wird (ZEPP 2004[3]).

8

3.2.1. Korrosion

Im Gegensatz zu pH-neutralem Wasser kann CO_2-haltiges Wasser 100-400 mg/ $\llcorner$ an Calciumcarbonat $CaCO_3$ (=Kalk) lösen.

1) $CO_2 + H_2O \rightarrow H_2 CO_3$

2) $H_2 CC_3 + H_2O <\text{--}> H_3O^+ + HCO_3^-$

3) $H_3O^+ - CaCO_3 \rightarrow Ca^{2+} + HCO_3^- + H_2O$

Die dargestellten Reaktionsgleichungen geben das Lösen von Kalk wieder.

- Gleichung (1) stellt die Reaktion von Wasser mit Kohlenstoffdioxid zu Kohlensäure dar. Niederschlagswasser hat einen pH-Wert von 5,6 und ist somit schwach sauer. Dies lässt sich durch das atmosphärische CO_2 erklären (DÜSTERHÖFT, S. 4).
- Mit Wasser reagiert Kohlensäure zu H_3O^+ - Ionen und Hydrogencarbonat. Dies gibt Gleichung (2) wieder.
- Ist nun Kalk vorhanden und reagiert dieser mit CO_2-haltigem Wasser, so werden Calcitkristalle hydratisiert und in Calcium und Hydrogencarbonat - Ionen zerlegt. Siehe Gleichung (3).

Vereinfacht kann man dies in der Formel $CaCO_3 + H_2 CO_3 <\text{--}> Ca(HCO_3)_2$ darstellen. Diese Reaktion kann so lange ablaufen, bis keine freien H_3O^+ - Ionen mehr in Lösung sind. Das Gleichgewicht ist dann erreicht.

Wie man in der Abbildung 2 dargestellten Sättigungskurve erkennt, steigt die Korrosionsfähigkeit des Wassers mit seinem CO_2-Gehalt. Gewässer in denen das *Kalk-Kohlensäure-Gleichgewicht* noch nicht erreicht ist, also noch wenig Kalk gelöst ist als möglich wäre, nennt man kalkaggressiv. Ist in dem entsprechenden Wasser mehr Kalk enthalten als gelöst werden kann, dann ist das Gleichgewicht übersättigt und man spricht von einer Kalkübersättigung. Als Folge kommt es zur Kalkausfällung, diesen Prozeß nennt man Sinterbildung (ZEPP 2004[3], S. 238).

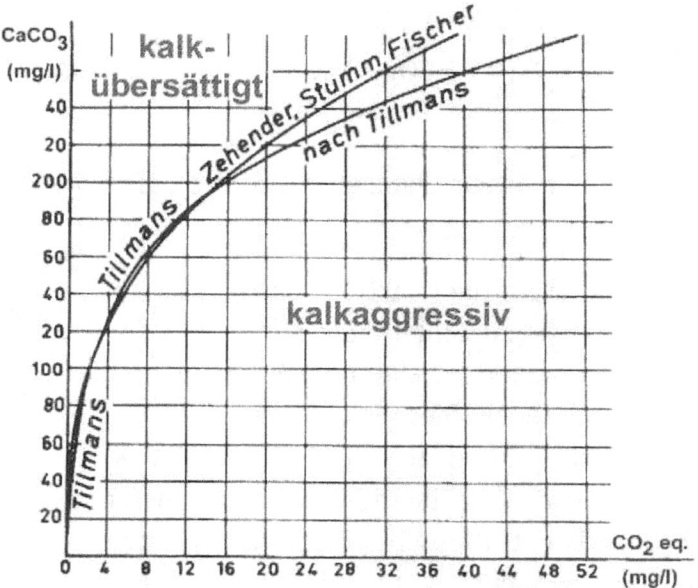

Abb. 2: Kalksättigungskurve zur Darstellung des maximal lösbaren $CaCO_3$ bei gegebenem CO_2-Gehalt im Wasser und konstanter Temperatur (Kalk-Kohlensäure-Gleichgewicht) (BÖGLI 1964, aus ZEPP 2004[3], S. 238).

Der Anteil des in Wasser gelösten CO_2 hängt von drei Faktoren ab. *Diese folgenden drei Punkte beziehen sich auf DÜSTERHÖFT S. 3/4.*

- Erstens, dem *CO_2 - Partialdruck der Bodenluft*, der *gegenüber* dem atmosphärischen CO_2- Partialdruck durch Mirkroorganismentätigkeit und Wurzelatmung erhöht ist. Durch diese Aktivität steigt in tropischen Böden der CO_2-Gehalt bis zu 1%.
- Zweitens, der Wassertemperatur. Kaltes Wasser kann mehr CO_2 lösen als warmes. Beispielsweise kann 0° C kaltes Wasser etwa doppelt soviel CO_2 lösen als 20° C warmes Wasser. Abbildung 3 gibt noch einmal die genaue Abhängigkeit von Löslichkeit und Temperatur wieder.
- Und drittens, hängt der Anteil des in Wasser gelösten CO_2 von dem Salzgehalt des Wassers ab. Bei hoher Salinität (z.B. Meerwasser) ist die Löslichkeit im Vergleich zu reinem Wasser um etwa 5-10 mg/L erniedrigt.

Abhängigkeit des Austauschfaktors L von der Temperatur:

t °C	0	5	10	15	17	20	30
L	1,713	1,424	1,196	1,019	0,958	0,878	0,665

Abb 3: Abhängigkeit der Löslichkeit L von der Temperatur (aus ZEPP 2004[3], S. 239)

3.2.2. Mischungskorrosion

Das Phänomen der Mischungskorrosion tritt auf, wenn im Karstwassersystem kalkgesättigte Wässer mit unterschiedlichem Kalkgehalt aufeinander treffen. Dies kommt vor allem im Bereich des Karstspiegels vor (ZEPP 2004[3], S. 240). Die Mischung der beiden Wässer hat nun einen neuen höheren CO_2- Gehalt. „Das zusätzlich entstandene CO_2 ist nun in der Lage, am Ort der Vermischung eine entsprechende Menge Kalk zusätzlich aus dem Gestein zu lösen. Infolge dieser Mischungskorrosion können sich unterirdische Hohlräume von zum Teil beträchtlicher Dimension bilden" (MARK 2005, S. 5).

3.3. Klüftigkeit des Gesteins

Eine letzte Vorrausetzung, die für das Entstehen einer Karstlandschaft erfüllt sein sollte, ist die Klüftigkeit des Gesteins. Wie bereits in 2.1. erwähnt, können Klüfte und Risse durch tektonische Veränderungen entstehen. Sie können aber auch durch Verwitterung und somit durch exogene Prozesse gebildet werden.

Durch Klüfte und Risse im Gestein dringt Wasser in dieses ein. Durch Korrosion wird das System der Klüfte erweitert. Das Gestein verwittert und es kann Karst entstehen. „Deshalb gibt es wenig, bzw. gar keine oberflächliche Entwässerung. Um einen unterirdischen Wasserabfluss zu garantieren, ist es wichtig, dass das Karstgebiet über dem Niveau des Grundwasserspiegels herausgehoben ist. Würde das Wasser im Gestein stagnieren und sich eine kalkgesättigte Lösung bilden, so wäre keine Korrosion mehr möglich" (BEHRENDT, PROF. DR. BURGER 2004, S.174).

4.   Karsthydrologie - vadose und phreatische Zone

Weitere Vorraussetzungen sind an die Karsthydrologie gebunden. Um die Korrosion ständig zu gewährleisten, sind Abfluss und Tiefenversickerung des Wassers notwendig (*Wasserwegsamkeit*). Deshalb sind Karstgebiete immer über das allgemeine Niveau des Grundwasserspiegels herausgehoben. Ohne diese Heraushebung würde das Wasser im Gestein stagnieren und sich eine kalkgesättigte Lösung bilden, die keine Korrosion mehr zuließe. Wasserdurchlässige Klüfte, Risse und Fugen ermöglichen die Wasserbewegung im Gesteinsverband.

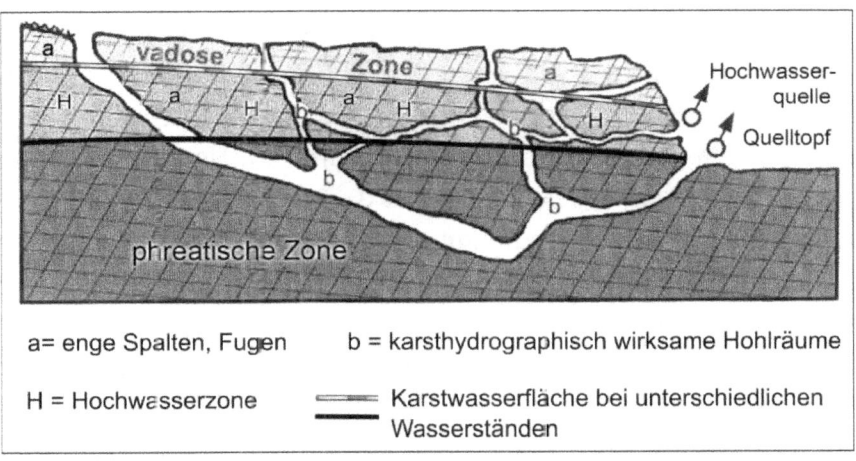

Abb. 4: Schematischer Schnitt durch ein Karstwassersystem (nach BÖGLI 1978, verändert aus BUSCH 1986, S. 72, aus ZEPP 2004[3], S. 237)

Mit der Erweiterung von Klüften und Fugen beginnt die Verkarstung" (ZEPP 2004[3], S. 236). In Abbildung 4 ist ein schematischer Schnitt durch ein Karstwassersystem dargestellt. Wie man diesem entnehmen kann, ist ein Karstgebiet unterirdisch entwässert.

13

Ein Karstwassersystem besteht aus zwei unterschiedlichen Zonen, der phreatischen Zone (griech.: „phrear" = Brunnen (WILHELMY, 1992[5]) und der vadosen Zone. Die phreatische Zone besteht aus Gesteinshohlräumen, die mit Wasser gefüllt sind. Dieser Bereich befindet sich, wie man der Abbildung entnehmen kann, unterhalb des Karstwasserspiegels. Die phreatische Zone wird oben von der *Karstwasserfläche* abgeschlossen. Diese unterscheidet sich vom Grundwasserspiegel nicht verkarsteter Gesteine dadurch, dass beim Grundwasser die Spiegelfläche zur Quelle hin gleichmäßig sinkt. Bei der Karstwasserfläche dagegen ergeben sich oft erhebliche Unterschiede im Wasserstand zwischen benachbarten Spalten und Schächten. Ursache dieser Wasserstandsunterschiede ist der wechselnde Durchmesser in Röhrensystemen, die von Wasser durchflossen werden. Wird der Durchmesser größer, verlangsamt sich die Fließgeschwindigkeit. Der Druck im Röhrensystem nimmt dadurch zu. Umgekehrt ist es, wenn der Durchmesser kleiner wird. Die Fließgeschwindigkeit steigt an und der Druck nimmt ab. Die Folge dieses Verhaltens ist, dass in Spalten, die zur Bodenoberfläche führen, das Wasser an Ausweitungen höher steht als an Engen. Insgesamt sind die Wasserstandunterschiede umso gravierender, je stärker der Durchfluss eines Systems ist (ZEPP 2004[3], S. 236 f.). Die phreatische Zone wird also ständig von Wasser durchflossen, welches zum Vorfluter hin fließt.

Oberhalb der phreatischen Zone grenzt die vadose Zone an. In diesem Bereich versickert das Niederschlagswasser und fließt in den Hohlräumen abwärts, wobei die Hohlräume überwiegend mit Luft erfüllt sind (ZEPP 2004[3], S. 236). Diese Zone ist somit nur zeitweise mit Wasser gefüllt.

„Im Grenzbereich zwischen phreatischer und vadoser Zone liegt jener Raum, in dem durch Mischungskorrosion die Höhlenbildung erfolgt" (MARK 2005, S.5).

„Allgemein reagieren *Karstwassersysteme* einerseits auf Niederschläge mit kurzer Reaktionszeit, andererseits wirken sich auch Trockenperioden mit nur geringer zeitlicher Verzögerung aus. Folglich unterliegt die Quellschüttung von *Karstquellen* großen Schwankungen. Während niederschlagsreicher Perioden springen – als Folge der allgemeinen Anhebung der Karstwasserspiegel – zeitweise höher gelegene Quellen an, die während der Trockenzeiten kein Wasser liefern. Eine Besonderheit in Karstwassersystemen sind *Quelltöpfe*, bei denen unter Druck stehendes Karstwasser aus dem Untergrund nach oben austritt. Diese entgegen der Schwerkraft gerichtete Wasserbewegung ist Ausdruck des so genannten *Druckfließens*, in der phreatischen Zone. Da die Quelltöpfe meist durch ein größeres unterirdisches Wassereinzugsgebiet gespeist werden, sind ihre Quellschüttungen im Vergleich zu Schichtquellen in nichtverkarstungsfähigen Gesteinen recht hoch" (ZEPP 2004[3], S. 236).

5. Formen des tropischen Karstes am Beispiel Guilin/ China

Im tropischen Karst treten neben den typischen Karstformen, die man aus den gemäßigten Breiten kennt, Sonderformen auf. Auf diese Formen und deren Entstehung werde ich nun im Folgenden am Beispiel Guilin näher eingehen.

5.1. Geographische Einordnung Guilins

Guilin liegt in der Region Guangxi im Süden Chinas. Diese Region mit einer Fläche von 230000 km^2 besteht etwa zu 70 Prozent aus Gebirge, das circa 50 Prozent Kalkstein aufweist. In Abbildung 5 sind die geologischen Verhältnisse im Becken von Guilin abgebildet. Vorwiegend kommt in der Umgebung von Guangxi gut lösungsfähiges Kalk- und Sandstein vor.

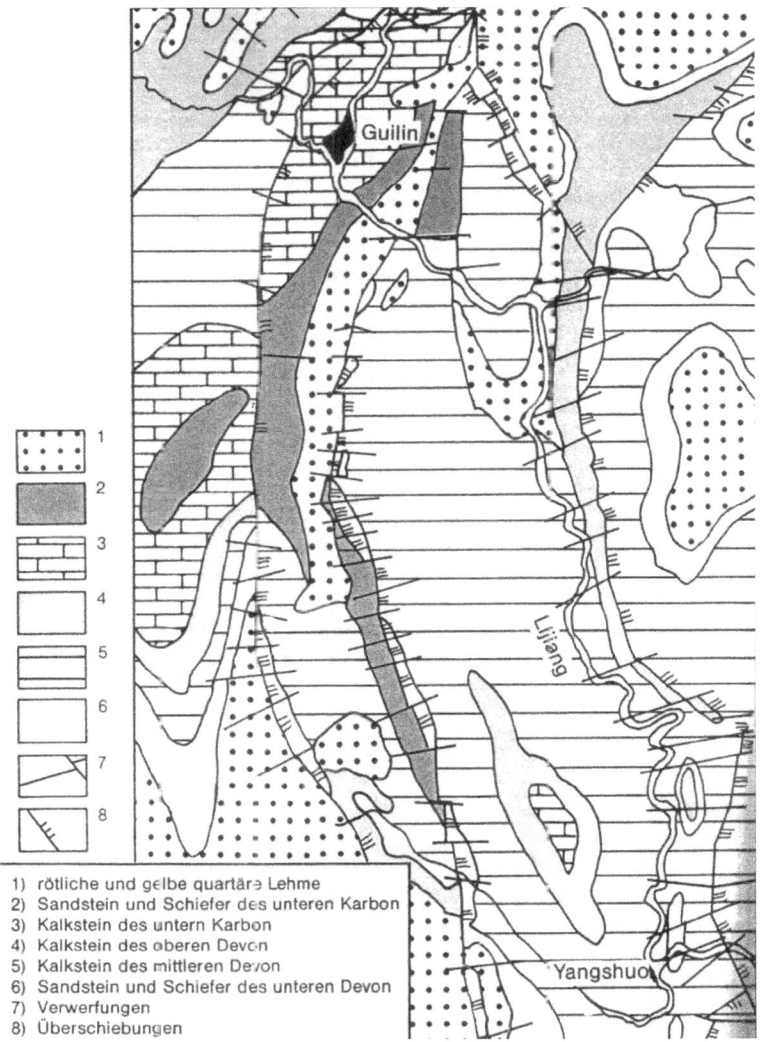

1) rötliche und gelbe quartäre Lehme
2) Sandstein und Schiefer des unteren Karbon
3) Kalkstein des untern Karbon
4) Kalkstein des oberen Devon
5) Kalkstein des mittleren Devon
6) Sandstein und Schiefer des unteren Devon
7) Verwerfungen
8) Überschiebungen

Abb. 5: Die geologischen Verhältnisse im Becken von Guilin (Geographie heute 56 / 1987 , S. 22)

5.2. Klimaspezifische Besonderheit:

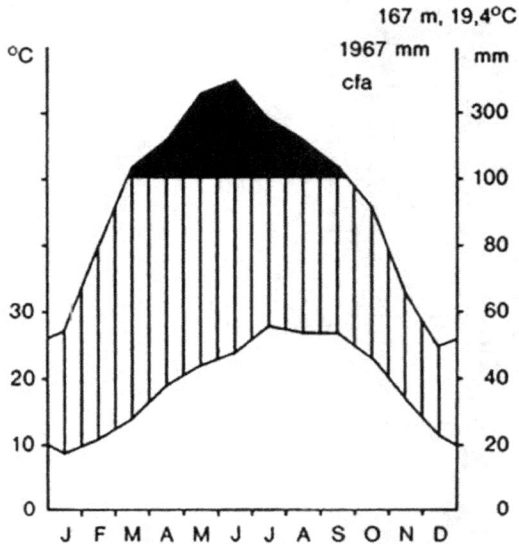

Abb. 6: Klimadiagramm Guilin 25°N/ 110°O
(Geographie Heute 56/1987, S.30)

Die Klimaverhältnisse in der Region weisen ein subtropisches Monsunklima auf. Dem Klimadiagramm (Abbildung 6) kann man entnehmen, dass Guilin in den Sommermonaten eine Temperatur von 17 bis 23° C aufweist. Die Wintermonate sind mild mit Tagestiefsttemperaturen über 9° Celsisus. Es fallen mit 1967mm ausreichend Niederschläge, welche gleichmässig über das ganze Jahr verteilt sind. Diese warmen Temperaturen und die ausgiebigen Niederschläge bieten optimale Bedingungen für die Lösung des Kalkgesteins, welche zur Verkarstung der Oberfläche führt. Unter diesen tropischen Bedingungen können sich die dominierenden Karstvollformen entwickeln. Jedoch sind auch Karsthohlformen in tropischen und subtropischen Kalkgebieten verbreitet.

5.3. Entstehung der Karstformen

Der Turmkarst ist eine Sonderform des Karsts und kommt überwiegend in tropischen oder subtropischen Gebieten vor. Er entwickelt sich aus dem Kuppen- und Kegelkarst. „Innerhalb gleichen tropischen Klimagebieten erweisen sich Kuppen-, Kegel- und Turmkarst als echte genetische Reihenfolge. Kuppen sind dabei die Initialformen der Karstkegel" (WILHELMY 1992[5], S.53).

5.3.1. Die Bildung von Cockpits

Abb 7: Cockpits: Autor: P199;
Lizenz: Creative Commons BY-SA 3.0

Abb. 8: Doline; Autor: Mirabella;
Lizenz: CreativeCommons Attribution-Share Alike 3.0 Unported

„Der Begriff Cockpit (Abbildung 7) stammt aus Jamaica und ist abgeleitet von den dort traditionellen runden, allseitig geschlossenen Hahnenkampfgruben. Cockpits haben einen ähnlichen Durchmesser wie Dolinen[1] (Abbildung 8)" (AHNERT 2003[3], S. 339).

Der Cockpitboden ist meist flach, er endet, sobald er das Karstwasserspiegelniveau oder eine Schicht treffen, die aus nichtverkarstungsfähigem Gestein besteht. Der Boden kann von eingeschwemmten Sedimenten bedeckt sein.

Die Turmkarstbildung beginnt mit der Ausbildung von Schlucklöchern, die dann zu so genannten Cockpits werden (ZEPP 2004[3], S. 244). Im Vergleich zu Dolinen sind die Cockpits deutlich größer. Die Hänge der Hohlformen sind nicht trichterförmig nach

---

[1] Slawisch: „dol" = Tal; „Trichter-, schüssel- oder kesselförmige Hohlformen an der Karstoberfläche mit meist rundem oder ekliptischem Durchmesser zwischen zwei und 200 m ...Die Tiefe schwankt zwischen zwei und 300 m" (DÜSTERHÖFT, S.9)

innen konkav, sondern bestehen aus nach innen hin gewölbten konvexen Sedimenten. Sie nehmen daher eine sternförmige Gestalt an (AHNERT 2003[3], S. 340).

Cockpits entwickeln sich aus Dolinen auf verschiedene Weisen. Eine Möglichkeit ist, dass die Cockpits den Karstwasserspiegel erreichen und sich dann nicht mehr weiter eintiefen können. Dann setzten sich die Lösungsvorgänge des Kalks am Fuße der die Dolinen umschließenden Hänge ein. Die Hänge werden an ihrer Basis somit steiler. Fällt ein Cockpitboden permanent trocken, was durch Schwankungen des Karstwasserspiegels häufig der Fall ist, so können sich im Cockpit neue kleine Dolinen bilden (AHNERT 2003[3], S. 340).

Eine zweite Möglichkeit ist, dass die eingeschwemmten Sedimente die Ausweitung des Cockpitbodens verursachen. Dies ist dann der Fall, wenn sie einen hohen Tongehalt aufweisen welcher das Regenwasser anstauen lässt. Dann setzt die Kalklösung wieder am Fuße der Doline ein, was zur Folge hat, dass sich die Hänge wieder versteilen (AHNERT 2003[3], S. 340).

Abb 9: Kegelkarst (aus AHNERT 2003[3], S.340)

Eine dritte Möglichkeit, die zur Cockpitbildung führt, ist das Auftreffen auf nicht verkarstungsfähiges und wenig wasserdurchlässiges Gesteinsmaterial, zum Beispiel Tonstein oder Schluffstein. Diese drei Möglichkeiten sind die erste Stufe der Entstehung von *Karstebenen*. Bei fortgeschrittener Korrosion werden die Hänge immer steiler und die Böden der benachbarten Cockpits wachsen an ihren sternförmigen Extremitäten zusammen (AHNERT 2003[3], S. 340). An der Stelle, wo sich die zusammengewachsenen Cockpits treffen, wachsen erhalten gebliebene Kalkklötze als Kuppen in die Höhe (siehe Abbildung 9)

Man spricht nun von einem entstandenen Kuppenkarst, der wiederum nur ein weiterer Übergangszustand der Verkarstung sein kann. Durch weitere Lösungsvorgänge an den Hängen werden diese weiter geformt und nehmen allmählich eine kegelförmige Gestalt an. Abbildung 10 zeigt schematisch den zeitlichen Verlauf der Karstlandschaftsentwicklung über den Kegelkarst bis hin zur Bildung von Turmkarsten.

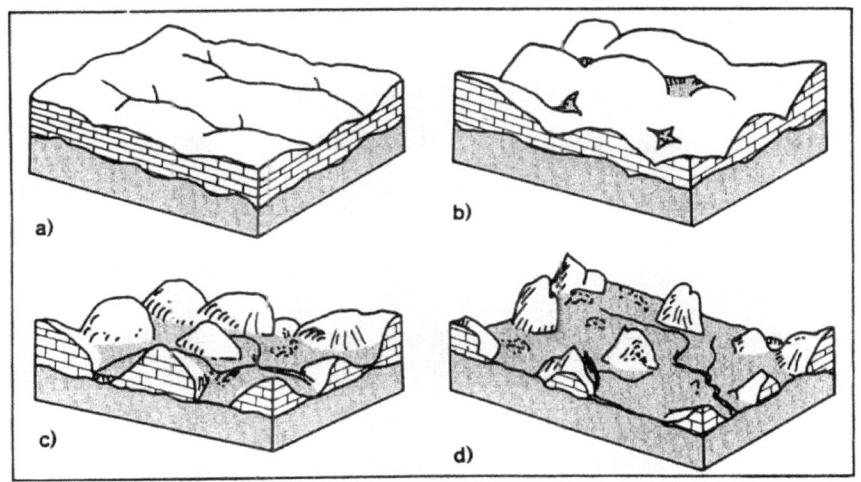

Abb. 10: Schema der Karstentwicklung in den Tropen (nach LEHMANN, aus WILHELMY 1992[5], S.54)

5.3.2. Vom Kegelkarst zum Turmkarst

Der Kegelkarst weist einen kreisförmigen Grundriss auf. Die Anordnung der Kegel und der dazwischenlegenden Hohlformen zeigt in den tropischen Karstgebieten oft eine gewisse „schachbrettartige Regelmäßigkeit", daher spricht man oft von „gerichtetem" Karst. Hierfür kommen drei Ursachen in Frage, die in der Natur häufig zusammenhängen.

1) Die erste Ursache kann sein, dass es eine gewisse Richtung als Folge eines regelmäßigen Gewässernetzes gibt und dass sich auf der Oberfläche des noch nicht verkarsteten Kalkgebietes vor dessen Heraushebung eine allgemeine Erosionsbasis ausgebildet hat.

2) Eine weitere Möglichkeit kann sein, dass Kluftsysteme bevorzugte Angriffszonen für den Verkarstungsprozess

23

bilden. Die Folge ist eine regelmäßige Anordnung der Kegel und Hohlformen längs der tektonischen Leitlinie.

3) Die dritte Ursache kann darin liegen, dass die Anordnung der Kalkkegel dem Ausstreichen der geologischen Schichten folgt und somit durch Lagerungsverhältnisse bedingt ist.

Welche dieser drei Ursachen jeweils zutrifft, ist von Fall zu Fall unterschiedlich (LEHMANN 1986, S.65). In den Hohlformen zwischen den Kegeln kann nach schweren tropischen Regengüssen das Wasser zeitweilig gestaut werden. Dies greift den Kalk am Fuße des Kegels somit länger und intensiver an, als das auf der Kegeloberfläche selbst rasch abfließende bzw. einsickernde Regenwasser. Dadurch entstehen Hohlkehlen, die sich immer mehr zu *Fußhöhlen* am Fuße des Kegels ausbilden. Diese „unterminieren" den Kegel, so dass von Zeit zu Zeit untere Partien des Kalkkegels einstürzen und es zu steilwandigen, oft völlig isolierten aufragenden Türmen kommt (LEHMANN 1986, S. 65). Nun spricht man von einem Turmkarst. Abbildung 11 zeigt den Ablauf der Entstehung von Turmkarst durch seitliche Korrosion.

Die abgestürzten Kalkblöcke verfallen schnell der chemischen Verwitterung. „Auf Karstrandebenen und in Karstbeckenebenen tropischer Kalkgebirge bezeugen einzelne, die abdichtenden Lockermassen durchragende Kalkklötze die fast völlige Aufzehrung ehemaliger Karstkegel" (WILHELMY 1992[5], S. 55).

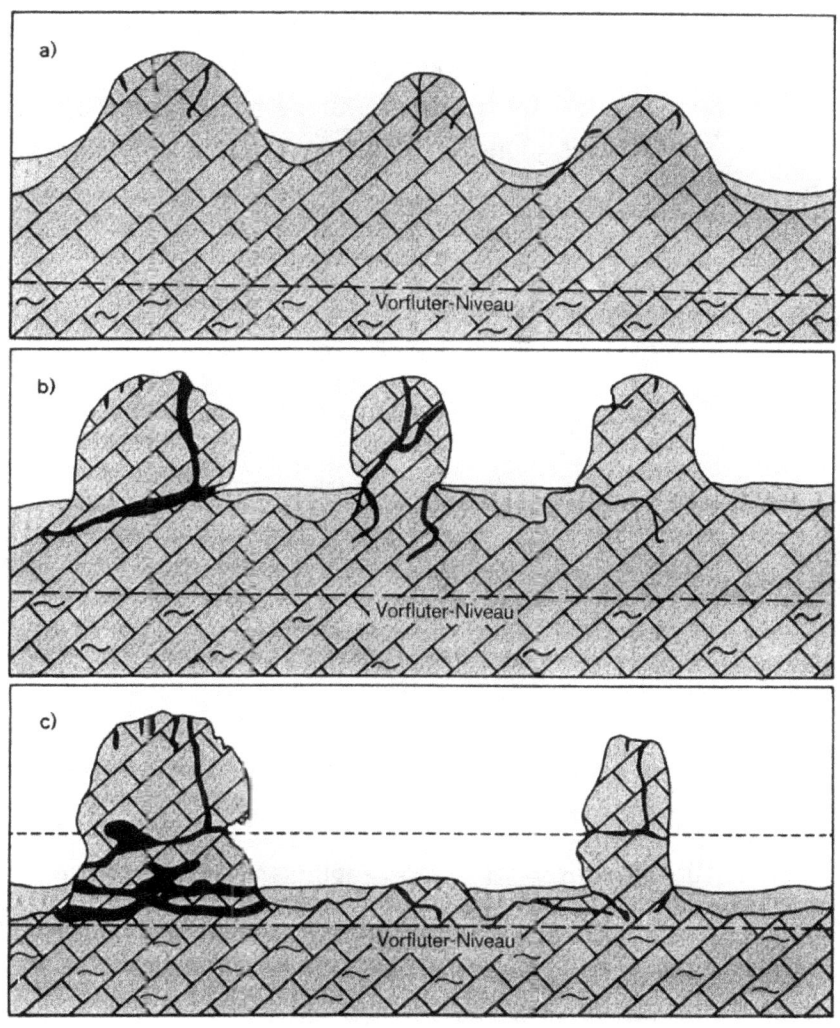

Abb. 11: Entstehung von Kegel- und Turmkarst durch seitliche Korrosion (nach PFEFFER, LEHMANN, aus WILHELMY 1992[5], S. 56)

Der Kegel- und Turmkarst sind turmartige, halbkugelförmige Kalkaufragungen, die sich teilweise sehr steil aus der Ebene erheben. In Guilin (siehe Abbildung 12) können sie eine Höhe von

100 bis 200m und eine Neigung von 80 bis 90° erreichen. Dabei treten sie oft in dichten Gruppen auf. Je nach Region können 30 bis 100 kegel- oder turmförmige Kuppen pro Quadratmeter auftreten. In Guilin bilden die höchsten Kegel und Türme eine zum Teil zusammenhängende Gipfelflur (GÖDDE 1987, S.22/29). „Die Vollformen der tropischen Karstgebiete sind aufgrund der Steilheit des Reliefs vegetationsarm oder vegetationslos…" (VORLAUFER, K. 2005).

Abb. 12: Turmkarst in Guilin/ China;
Autor: Chensiyuan; Lizenz: GNU

Ursachen für die besonderen Ausprägungen der Karsttürme in Guilin sieht SWEETING 1990 in den folgenden fünf aufgeführten Punkten.

Die nächsten fünf Punkte beziehen sich auf SWETTING 1990, aus AHNERT 2003[3], S. 341.

1) Die erste Ursache für die Sonderformen des Karstes in den Tropen ist die lang anhaltende tektonische Hebungsphase im Tertiär und Quartär.

2) Als weitere Möglichkeit kommt die gegliederte geologische Struktur in Frage, die vielen Verwerfungen ausgesetzt ist.

3) Als dritte Möglichkeit gibt SWETTING an, dass die enorme Mächtigkeit, Reinheit und Klüftigkeit des vorherrschenden devonischen und karbonischen Kalkgesteins Ursache für die markante Ausprägung der Karsttürme ist.

4) Außerdem haben die wasserreichen Flüsse in den frühen Phasen der Entwicklung der Kalksteine dies tief zerschnitten und es haben sich sehr steile Hänge gebildet. Durch die Zerschneidung hat sich der Grundwasserspiegel gesenkt und die Karstentwicklung hat eingesetzt.

5) Eine weitere Ursache sind die tief reichenden tektonischen Klüfte, durch die die Korrosion in tieferen Bereichen gut ablaufen kann und somit die Verkarstung einleitet.

6. Gründe für die unterschiedlichen Verkarstungsprozesse in den Tropen und den gemäßigten Breiten

Wie man sieht, ist der Karst in den Tropen geprägt von Sonderformen wie Kuppen-, Kegel- und Turmkarst. Aber auch andere Karstformen sind möglich, welche aus den gemäßigten Breiten bekannt sind. Umgekehrt wird man in den gemäßigten Breiten wird man aber keinen Kegel- oder Turmkarst finden. Es stellt sich nun die Frage warum dies so ist. Um dieses Phänomen in den Tropen kreisen zwei zentrale Fragen:

- Erstens: „warum erzielt der Verkarstungsprozess in den Tropen innerhalb gleicher geologischer Zeiteinheit einen soviel größeren Effekt als in den gemäßigten Breiten?"
- Und zweitens „warum führt er zur Entstehung andersartigen Formschatzes?" (WILHELMY 1992[5], S. 57)?

Folgender Absatz bezieht sich auf LEHMANN 1986, S. 129.

Nach LEHMANN liegen die Ursachen darin, dass der Karstprozess in Äquatornähe während des Quartärs nicht durch eiszeitliche Kälteperioden unterbrochen oder gemindert wurde. Dies traf aber für die Verkarstungsprozesse der gemäßigten Breiten sehr wohl zu.

Außerdem gibt es in den Tropen ganzjährig Niederschläge, die zu häufiger und vollständiger Durchflutung karsthydrographisch wirksamer unterirdischer Wasserbahnen führen, und zusätzich den Wasserstau in den Löchern am Boden und an Rändern der Karsthohlformen fördern. In den gemäßigten Breiten ist jedoch das auftreten von Trockenperioden möglich welche zu einer Stagnation des Verkarstungsprozesses führen.

Als letzter Grund kommt noch das feuchtwarme Tropenklima in Frage. Durch dieses Klima ist die Vegetation in dieser Region sehr üppig. Verwesende Pflanzenteile sammeln sich in Löchern und Fugen, dabei bewirken sie eine gesteigerte Mikroben-Gärung. Die dadurch entstehende Kohlensäure und weitere organische Säuren verursachen eine verstärkte Lösung des Kalkes. Dies gleicht dann wiederum den Nachteil aus, dass wärmeres Wasser die Löslichkeit des kalkhaltigen Gesteins herabsetzt.

7. Zusammenfassung

Zusammenfassend kann man sagen, dass die Basis für die Verkarstung exogene und endogene Prozesse sind. Ohne diese würde es zu keiner chemischen oder biologischen Verwitterung kommen und ohne die tektonischen Veränderungen würden auch keine Risse und Klüfte an der Erdoberfläche und damit auch nicht im Gestein entstehen.

Die drei wichtigsten Voraussetzungen für eine Verkarstung sind ein verkarstungsfähiges Gestein, die chemische Verwitterung und eine Oberfläche, die durchklüftet ist. Unter einem verkarstungsfähigen Gestein versteht man ein gut lösliches Gesteinsmaterial, wie zum Beispiel Kalkstein oder Dolomitstein.

Der Kalk wird durch kohlendioxidhaltiges Wasser gelöst, in selbigem löst sich Kalk wesentlich besser als in kohlendioxidarmen Wasser. Diese Lösungsverwitterung wird in diesem Fall auch als Korrosion bezeichnet. Die Kalklösung kann vereinfacht in der Reaktionsgleichung $CaCO_3 + H_2CO_3 \longleftrightarrow Ca(HCO_3)_2$ dargestellt werden. Dabei reagiert Calciumcarbonat mit freien H_3O^+-Ionen, die Calcitkristalle werden hydratisiert und in Calcium- und Hydrogencarbonat- Ionen zerlegt. Sobald keine Säure, also H_3O^+-Ionen mehr vorhanden sind, stoppt die Reaktion, das Kalkgleichgewicht ist damit erreicht. Wie hoch der gelöste Anteil des CO_2 im Wasser ist, hängt von drei Faktoren ab. Erstens, dem CO_2- Partialdruck der Bodenluft, zweitens, der Wassertemperatur und drittens von dem Salzgehalt des Wassers.

Letzte wichtige Vorraussetzung für die Verkarstung ist die Klüftigkeit der Oberfläche. Durch Risse kann Wasser in das Gestein eindringen, dieses verwittert und es kann zur Karstbildung kommen.

Ein weiterer wichtiger Punkt ist die Karsthydrologie. Damit die Korrosion nicht zum Erliegen kommt, sind Abfluss und Tiefenversickerung des Wassers von Nöten. Folglich liegen Karstgebiete über dem allgemeinen Niveau des Grundwasserspiegels und entwässern unterirdisch. Ein Karstwassersystem besteht aus zwei unterschiedlichen Zonen, der phreatischen und der vadosen Zone. Erstere besteht aus Gesteinshohlräumen, die permanent mit Wasser gefüllt sind, und liegt unterhalb des Karstwasserspiegels. Die phreatische Zone wird oben von der Karstwasserfläche abgeschlossen. Oberhalb dieser Karstwasserfläche liegt die vadose Zone. In diesem Bereich versickert das Niederschlagswasser und fließt in den Hohlräumen abwärts. Sie ist somit nur zeitweise mit Wasser gefüllt. Allgemein reagieren Karstwassersysteme sowohl auf Niederschläge als auch auf Trockenzeiten mit nur kurzer Reaktionszeit.

In den Tropen herrschen Sonderformen des Karstes vor. Dabei treten Kuppen-, Kegel- und Turmkarst als Vollformen auf. Neben diesen Vollformen können aber auch Karstformen vorkommen, die man aus den gemäßigten Breiten kennt.

Den ersten Schritt der Turmkarstentstehung stellt die Ausbildung von dolinenartigen Schlucklöchern dar, die dann zu so genannten Cockpits werden. Dies kann auf drei verschiedene Art und Weisen geschehen. Eine Möglichkeit ist, dass die Cockpits den Karstwasserspiegel erreichen und sich folglich nicht weiter vertiefen können. Daraufhin setzen die Lösungsvorgänge des Kalks am Fuße der die Doline umschließenden Hänge ein. Die Folge ist, dass die Hänge immer steiler werden. Des Weiteren können eingelagerte Sedimente die Vergrößerung der Cockpitböden verursachen. Die dritte Möglichkeit ist, dass die Cockpitböden auf nicht verkarstungsfähiges Gestein oder wenig wasserdurchlässiges Material treffen und sich somit nicht weiter vertiefen können. Bei fortgeschrittener Korrosion werden die Hänge immer steiler. Treffen Cockpitböden zusammen, wachsen erhalten gebliebene Kalkklötze als Kuppen in die Höhe. Durch weitere Lösungsvorgänge an den Hängen werden diese weiter geformt und nehmen kegelförmige Gestalt an. In den Hohlformen zwischen den Kegeln kann Wasser zeitweilig gestaut werden. Somit kann es am Fuße des Kegels erneut zur Lösung von Kalk kommen. Stark verwitterte Kalkpartien stürzen von Zeit zu Zeit ein, damit entstehen die steilwandigen Türme.

Diese erwähnten Karstformen findet man nur in Äquatornähe, weil dort der Karstprozess im Vergleich zu dem der gemäßigten Breiten nicht von eiszeitlichen Kälteperioden unterbrochen worden ist. Außerdem sind die Tropen ganzjährig von hohen Temperaturen und hohen Niederschlägen geprägt, es kommt somit nicht zu Trockenperioden und der Verkarstungsprozess wird ständig aufrechterhalten. Letzter Grund für das ausschließliche Vorherrschen der Karsttürme in den Tropen besteht darin, dass in den Tropen eine üppige Vegetation vorhanden ist. Verwesene Pflanzenteile bewirken eine erhöhte Mikroben-Gärung, dabei entstehen Kohlensäure und weitere organische Säuren, die wiederum eine verstärkte Lösung des Kalks verursachen.

8.   Kegel- und Turmkarst - Segen oder Gefahr für Guilin?

Karstlandschaften mit ihren vielfältigen Formschätzen sind in vielen Erdregionen große touristische Attraktionen. Vor allem die Vollformen, Kegel- und Turmkarst in Guillin, im Süden von China, ziehen Touristen an und somit hat sich Guilin zu einem Zentrum des Massentourismus entwickelt. Da die agrarische Nutzung dieser Karstgebiete aufgrund der vegetationsarmen Vollformen stark eingeschränkt ist, stellt der Tourismus einen wichtigen Wirtschaftszweig für diese Region dar. Dennoch muss bedacht werden, dass wegen der hohen ökologischen Fragilität der Karstlandschaften diese besonderen Formen des Karstes durch den Tourismus auch gefährdet werden können. In bereits vielen Karsthöhlen hat eine unangepasste Nutzung des Tourismus zu einer Minderung oder sogar Zerstörung der Karstformen geführt. Das kann soweit führen, dass diese Regionen an Attraktivität verlieren.

Ein weiteres Gefährdungspotenzial droht durch die zahlreichen Industrien und der Bauwirtschaft. Diese bauen Karstgesteine, wie Kalk, Dolomit oder Gips in großem Maße ab. Da die Karsthydrologie eine besondere Form der Hydrologie darstellt, sind oberflächliche Nähr- und Schadstoffeinträge eine große Gefahr für die Trinkwasserversorgung der Bevölkerung. Denn diese ist von den unterirdischen Karstwasservorkommen abhängig (VORLAUFER, K. 2005).

Man kann allgemein sagen, dass die Sonderformen des Karstes in den Tropen einen Segen aber auch eine Gefahr für die Wirtschaft und die umliegende Bevölkerung der Region Guilin darstellen.

9.   Literaturangaben
9.1. Schriftliche Quellen

Ahnert, F. 2003: Einführung in die Geomorphologie, 3. Auflage, Stuttgart

Gödde, H. 1987: Kegel- und Turmkarst in Guilin. In: Geographie heute, Heft 56/1987, S. 20-30

Prof. Dr. Lehmann, H. 1986: Karst- Entwicklung in den Tropen. In: Erdkundliches Wissen, Band VIII, S. 63-66

Mark, H. 2005: Karstmorphologie – eine Einführung. In: Geographischer Rundschau Heft 6, S. 4-9

Pfeffer, K.-H. 2005: Mediterraner Karst und tropischer Karst. In: Geographische Rundschau Heft 6, S. 12-18

Vorlaufer, K. 2005: Karst und Tourismus. In: Geographischer Rundschau Heft 6, S. 34-43

Wilhelmy, H. 1992: Geomorphologie in Stichworten III. Exogene Morphodynamik, 5. Auflage, Berlin-Stuttgart

Zepp, H. 2004: Geomorphologie – Eine Einführung, 3. Auflage, Paderborn

9.2. Internetquellen

Behrendt, T. und Prof. Dr. Burger 2004: Einführung in die Geomorphologie, 2. Auflage, Online im Internet. URL: http://www.bio-geo.uni-karlsruhe.de/ifgg1/lehre/lehrmaterial/gm/Skrip_Geomorphologie_2.pdf

Düsterhöft, H. 2003: Karstlandschaften, Online im Internet. URL: http://www.napapiiri.de/studium/karstlandschaften.pdf

http://www.geographie-diplom.de/Texte/Physisch/geomorphologie8.htm

9.3. Abbildungsverzeichnis

Abb. 1: aus ZEPP 2004[3], S. 87: Löslichkeit von Salzgesteinen in Wasser bei 18 °C

Abb. 2: BÖGLI 1964, aus ZEPP 2004[3], S. 238: Kalksättigungskurve zur Darstellung des maximal lösbaren $CaCO_3$ bei gegebenem CO_2-Gehalt im Wasser und konstanter Temperatur (Kalk-Kohlensäure-Gleichgewicht)

Abb. 3: aus ZEPP 2004[3], S. 239: Abhängigkeit der Löslichkeit L von der Temperatur

Abb. 4: nach BÖGLI 1978, verändert aus BUSCH 1986, S. 72, aus ZEPP 2004[3], S. 237: Schematischer Schnitt durch ein Karstwassersystem

Abb. 5: Geographie heute 56 / 1987, S. 22: Die geologischen Verhältnisse im Becken von Guilin

Abb. 6: Geographie Heute 56/1987, S.30: Klimadiagramm Guilin 25°N/ 110°O

Abb. 7: Commons BY-SA 3.0, Cockpits; https://upload.wikimedia.org/wikipedia/commons/2/28/Chocolate_Hills_overview.JPG; Autor: P199 Lizenz: Creative

Abb. 8: Autor: Mirabella; Lizenz: CreativeCommons Attribution-Share Alike 3.0 Unported, Doline; https://upload.wikimedia.org/wikipedia/commons/b/b3/Causse_de_Sauveterre_doline.jpg

Abb. 9: aus AHNERT 2003[3], S.340: Kegelkarst

Abb. 10: nach LEHMANN, aus WILHELMY 1992[5], S.54: Schema der Karstentwicklung in den Tropen

Abb. 11: nach PFEFFER, LEHMANN, aus WILHELMY 19925, S. 56: Entstehung von Kegel- und Turmkarst durch seitliche Korrosion

Abb. 12: Turmkarst in Guilin/ China Autor: chensiyuan, Lizenz GNU, https://upload.wikimedia.org/wikipedia/commons/9/92/1_li_jiang_guilin_yangshuo_2011.jpg